AF477228

Tanaman Pepohonan Anti Hama Untuk Melindungi Padi (Oryza Sativa)

Dari Berbagai Jenis Serangan Hama Penyakit

Versi Bahasa Indonesia

by

Janah Firdaus Mediapro

Cyber Sakura Flower Labs

2023

Jannah Firdaus Mediapro

Publishing

2023

Prolog

Pada tanaman padi (oriza sativa) terdapat berbagai jenis hama penyakit ang menyerang pertanaman. Salah satu hama yang paling sering menimbulkan kerusakan pada tanaman padi yaitu penggerek batang padi. Hama ini merusak tanaman padi baik pada fase vegetatif maupun fase generatif.

Pada fase vegetative hama ini menyebabkan gejala yang disebut sundep, dimana pada fase ini larva merusak tanaman padi dengan memakan sistem pembuluh tanaman yang ada didalam batang tanaman padi. Gejala serangannya terlihat pucuk batang padi menjadi kering, berwarna kuning dan mudah dicabut.

Serangan pada fase generatif mengakibatkan malai berwarna putih dan hampa karena proses pengisian bijinya tidak berlangsung sempurna.

Dalam usaha pengendalian hama penggerek batang padi, petani masih menggunakan pestisida sintetis tanpa mempedulikan efek dari penggunaan pestisida tersebut apabila digunakan secara terus menerus dan dalam waktu yang lama.

Pengendalian penggerek batang padi dengan penggunaan insektisida secara terus menerus sangat beresiko karena berdampak negatif terhadap lingkungan. Oleh karena itu perlu pengembangan teknik pengendalian yang ramah lingkungan tetapi efektif untuk mengendalikan hama penggerek batang padi tersebut.

Salah satu usaha untuk menekan populasi penggerek batang padi putih tersebut yaitu dengan penanaman tanaman refugia. Refugia merupakan mikrohabitat yang ditanam di sekitar tanaman yang dibudidayakan bagi predator dan parasitoid untuk berkembang biak.

Manfaat refugia sebagai area konservasi musuh alami di sawah yaitu sebagai tanaman perangkap hama, tanaman penolak hama, tempat berlindung, menarik musuh alami untuk hidup dan berkembangbiak di area tersebut karena menyediakan sumber nutrisi dan energi seperti nektar, serbuk madu dan embun madu yang dibutuhkan oleh musuh alami sehingga kehadiran musuh alami dapat menyeimbangkan populasi hama pada batas yang tidak merugikan.

Mengingat peran dari serangga musuh alami yang menguntungkan untuk membantu pengendalian hama dan penyakit ini, maka perlu ada usaha konservasi musuh alami dengan menanam tanaman refugia bersamaan.

Atau sebaiknya tanaman refugia ditanam sebelum tanaman utama agar dapat dimanfaatkan sebagai tempat berlindung dan berkembang biak bagi musuh alami dan serangga pollinator yang berperan dalam polinasi yaitu perantara penyerbukan tanaman. Refugia cocok ditanam di pematang sawah. Penanaman refugia sejajar dengan sinar matahari sehingga tidak menutupi atau mengganggu penyerapan sinar matahari bagi tanaman utama.

Jenis-jenis tanaman yang dapat digunakan sebagai tanaman refugia antara lain tanaman berbunga, gulma berdaun lebar, tumbuhan liar yang ditanam atau yang tumbuh sendiri di areal pertanaman, dan sayuran, biasanya berasal famili Umbelliferae, Leguminosae, dan Compositae atau Asteraceae.

Mekanisme ketertarikan serangga oleh tanaman berbunga yaitu ditentukan oleh karakter morfologi dan fisiologi bunga yang berupa warna, bentuk, ukuran, keharuman, periode berbunga dan kandungan nektar.

Di sisi lain aroma nektar juga akan mengundang kehadiran serangga-serangga lain yang bermanfaat, serangga pollinator, musuh alami dari golongan predator seperti tawon kertas, lalat buas dan kumbang. Juga golongan parasitoid dari famili Brachymeria, Euphaniidae, Braconidae, Ichneumonidae.

Kebanyakan serangga tertarik pada bunga yang berukuran kecil, cenderung terbuka dan mempunyai periode berbunga yang cukup lama.

Tumbuhan berbunga berkemampuan memikat banyak musuh alami karena berfungsi sebagai sumber pakan maupun tempat perhentian (untuk meletakkan telur atau menyembunyikan diri dari bahaya).

Fungsi yang beragam ini menyebabkan pentingnya memperhatikan tumbuhan berbunga sebagai habitat khusus bagi serangga dan jasad lainnya.

Dan tumbuhan berbunga sangat penting untuk melestarikan populasi musuh alami di suatu ekosistem seperti agroekosistem terutama di pertanaman yang selama ini dominan sebagai ekosistem monokultur, misalnya tanaman padi.

1. Bunga Kertas

Bunga pertama yang bisa dijadikan sebagai pengusir hama padi yaitu bunga kertas. Selain tergolong sebagai tanaman hias, bunga dengan nama latin Zinnia ini juga merupakan tanaman pengusir hama dan serangga yang ampuh. Tidak heran jika sampai saat ini, bunga kertas menjadi bunga favorit yang banyak dipilih untuk ditanam.

Adapun sebagai tanaman refugia, warna bunga kertas yang cerah secara otomatis akan menarik kumbang untuk datang. Kumbang inilah yang nantinya akan membantu membasmi hama padi seperti ulat atau kutu daun.

Dari segi penanaman, bunga kertas pun memiliki cara yang mudah. Anda bisa menanam dengan menyebarkan bibit bunga secara langsung. Untuk cara lebih cepat, Anda bisa menanam bibit bunga yang sebelumnya telah disemai terlebih dahulu.

2. Bunga Kenikir

Selain dikenal sebagai tanaman yang enak untuk dikonsumsi, kenikir juga tepat dijadikan sebagai bunga pengusir hama padi. Terbukti untuk tanaman refugia, kenikir mampu menarik predator serangga melalui warna bunganya yang cerah.

Bunga dengan nama latin Tagetes Erecta ini pun terbilang efektif karena memiliki bau khas yang dapat mengusir hama. Adapun seperti halnya bunga kertas, bunga kenikir juga memiliki cara tanam yang mudah.

Pertama, bisa ditanam dengan menyebarkan biji kenikir secara langsung. Kedua, melalui teknik penanaman stek.

3. Bunga Matahari

Barangkali sudah banyak yang tahu mengenai bunga yang identik dengan kuaci ini. Bunga kuning dengan bentuk lingkaran ini merupakan salah satu bunga refugia yang menjadi favorit kumbang dan juga serangga predator.

Sayangnya, berbeda dengan 2 jenis bunga sebelumnya, bunga matahari sebagai bunga pengusir hama padi tidak bisa ditanam sembarangan.

Hal itu disebabkan oleh bentuk bunganya yang besar, membuat bunga ini hanya cocok ditanam di sekeliling lahan atau sebagai pagar saja. Jika ditanam di selingan tanaman, bunga matahari dapat menghalangi masuknya cahaya matahari dan juga menyedot unsur hara tanaman pokok.

4. Bunga Celosia

Bunga celosia atau yang lebih dikenal dengan bunga jengger ayam merupakan salah satu tanaman bunga yang juga masuk dalam daftar tanaman refugia. Tanaman dengan bunga berbentuk menyerupai jengger ayam ini memiliki bunga dengan warna yang mencolok.

Tidak hanya itu, sebagai tanaman refugia, celosia juga banyak dipilih, khususnya oleh petani yang memiliki lahan yang tidak menguntungkan.

Hal itu karena Celosia termasuk tanaman bunga yang mudah tumbuh, meskipun pada lahan yang tidak subur sekalipun.

5. Daun Mint

Menanam tanaman mint di sekitar pekarangan rumah, kebuh buah sayuran dan lahan pertanian dapat membantu mengusir tikus dan hama lainnya. Aroma dari tanaman ini dapat mencegah tikus dan serangga hama lainnya untuk memasuki wilayah kawasan pertanian dan perkebunan.

Menanam daun mint juga cukup mudah, kamu hanya perlu tempat yang terkena banyak sinar matahari. Kandungan mentol dalam daun mint membuatnya memiliki sifat antibakteri alami yang kuat.

Sifat istimewa tersebut dapat meminimalkan kontaminasi mikroorganisme penyebab penyakit pada kulit. Manfaat ini membuat daun mint kerap digunakan untuk bahan dasar produk perawatan kulit seperti sabun, pelembap, lip balm, dan minyak gosok.

6. Babadotan

Tumbuhan ini dikenal sebagai tumbuhan yang mengeluarkan aroma khas mirip dengan kambing, sehingga dalam bahasa daerah disebut Babadotan/bandotan/wedusan. Sedangkan nama ilmiah Babadotan adalah Ageratum conyzoides berasal dari bahasa Yunani dimana kata "a geras" berarti tumbuhan berumur panjang sedangkan conyzoides adalah nama Dewi Koniyz, jadi tumbuhan ini dalam bahasa Yunani diartikan sebagai tumbuhan berumur panjang seperti Dewi Konyz.

Babadotan bisa dijadikan bahan untuk membuat Pestisida Nabati. Dari beberapa hasil penelitian, seperti dikutip dari balittra.litbang.pertanian.go.id, diketahui bandotan dapat digunakan sebagai pupuk organik dan bahan insektisida nabati.

Selain itu, Babandotan dapat digunakan sebagai obat, pestisida, herbisida, bahkan untuk pupuk nabati yang dapat meningkatkan hasil produksi tanaman.

Babadotan sebagai dapat menjadi pestisida nabati untuk serangga hama, bioaktif yang terkandung didalamnya bersifat menolak (repellent) dan menghambat perkembangan serangga, daun Babadotan dapat berfungsi sebagai repellent (penolak) pada serangga karena memiliki aroma menyengat dan kandungan minyak atsiri yang berguna untuk mengusir hama tanaman.

7. Lavender

Lavender dikenal sebagai tanaman untuk mengusir segala hama kebun, seperti ngengat, kutu dan tikus. Memiliki aromanya yang harum dan bunga ungu yang cantik.

Tanaman ini juga cocok untuk menghiasi taman rumah dan menjadi pagar alam lahan pertanian. Lavender dapat dipotong jadi tangkai dan dibiarkan di berbagai sudut dalam rumah untuk mengusir tikus.

8. Tanaman Serai

Tanaman serai atau Citronella adalah tanaman pengusir hama serangga terbaik nomor satu. Tanaman ini sering digunakan sebagai bahan alami dalam semprotan pengusir nyamuk komersial, lilin, dan produk lainnya.

Sereh memiliki aroma khas yang segar dan menyenangkan bagi manusia, namun tak disukai oleh serangga hama seperti nyamuk, tikus, kecoak, semut dan ngengat.

Dengan menanam serai di sekitar kawasan pertanian, sawah dan kebun buah sayuran dapat menghambat serta mengusir berbagai jenis hama dan serangga penganggu. Serta menjaga keseimbangan ekosistem lingkungan hidup.

9. Balerang

Balerang, atau biasa dikenal sebagai kepik atau kumbang hijau, dapat memberikan beberapa manfaat sebagai agen pengendali hama padi.

Beberapa manfaat balerang untuk mengusir hama padi antara lain:

a. Balerang memakan hama padi seperti kutu daun, ulat, belalang, dan wereng, yang dapat merusak tanaman padi.

b. Balerang juga dapat membantu mengontrol populasi serangga hama secara alami, karena balerang merupakan predator alami dari hama padi.

c. Penggunaan balerang sebagai agen pengendali hama padi yang alami dan aman, dapat mengurangi ketergantungan petani pada bahan kimia sintetis yang dapat merusak lingkungan dan kesehatan manusia.

Namun, perlu diingat bahwa balerang bukan satu-satunya cara untuk mengendalikan hama padi.

Dan harus digunakan bersama dengan teknik pengendalian hama yang lain.

Seperti rotasi tanaman, pengaturan jadwal penanaman, dan pemeliharaan kebersihan lingkungan pertanian.

10. Ular Sawah

Ular sawah atau ular air (Hydrophiinae) adalah jenis ular yang hidup di lingkungan air, seperti rawa-rawa, sungai, dan sawah. Ular ini memiliki manfaat dalam melawan hama padi karena mereka memangsa hewan-hewan yang sering menjadi hama pada tanaman padi.

Beberapa hewan yang menjadi mangsa ular sawah antara lain tikus, katak, ikan kecil, dan serangga. Tikus adalah salah satu hewan yang sering menjadi hama pada tanaman padi, terutama pada fase pertumbuhan dan pematangan. Tikus dapat merusak padi dengan memakan bagian akar, batang, dan biji. Dengan keberadaan ular sawah, populasi tikus dapat dikurangi, sehingga kerusakan pada tanaman padi dapat ditekan.

Selain itu, ular sawah juga dapat memangsa serangga seperti belalang dan ulat yang sering merusak tanaman padi. Dengan demikian, keberadaan ular sawah juga dapat membantu mengendalikan populasi serangga yang menjadi hama pada tanaman padi.

Namun demikian, perlu diingat bahwa ular sawah juga dapat menjadi predator bagi hewan-hewan yang menguntungkan bagi pertanian, seperti katak dan ikan kecil. Oleh karena itu, penggunaan ular sawah sebagai agen pengendalian hama perlu dipertimbangkan dengan baik agar tidak mengganggu keseimbangan ekosistem dan pertanian.

11. Burung Hantu

Burung hantu adalah predator alami yang efektif untuk mengendalikan populasi hama di sawah, termasuk hama padi. Burung hantu seperti burung hantu belang (Tyto alba) dan burung hantu bambu (Bubo bengalensis) akan memangsa hama padi seperti tikus, kumbang, ulat, dan serangga lainnya yang merusak tanaman.

Selain itu, burung hantu juga dapat membantu menjaga keseimbangan ekosistem di sawah karena mereka hanya memangsa hama dan tidak merusak tanaman atau lingkungan lainnya. Hal ini dapat membantu mengurangi penggunaan pestisida yang berbahaya bagi lingkungan dan kesehatan manusia.

Namun, perlu diingat bahwa burung hantu adalah makhluk hidup yang dilindungi dan tidak boleh dipertahankan sebagai hewan peliharaan. Oleh karena itu, jika ingin memanfaatkan burung hantu sebagai pengendali hama, perlu memperhatikan aspek-aspek konservasi dan penanganannya yang aman dan etis.

Dalam pengendalian hama secara biologis, membangun habitat dan sarana yang mendukung keberadaan burung hantu seperti menanamkan pohon dan tumbuhan sebagai tempat tinggal dan makanan burung hantu dapat menjadi solusi yang tepat.

Selain itu, penyediaan sarana seperti sarang buatan atau box untuk burung hantu juga dapat membantu mendukung populasi burung hantu di sawah.

12. Ikan Belut

Ikan belut dapat dimanfaatkan sebagai agen pengendali hama alami dalam budidaya padi. Ikan belut adalah predator alami bagi serangga, ulat, dan larva hama padi seperti wereng, penggorok daun, ulat grayak, ulat tanah, dan belalang.

Dengan memelihara ikan belut di sawah, populasinya dapat meningkat dan membantu mengendalikan hama padi secara alami, tanpa menggunakan pestisida kimia yang berbahaya bagi kesehatan manusia dan lingkungan.

13. Budi Daya Ikan Mas Di Sawah

Ikan mas dapat membantu melawan hama padi seperti wereng, ulat, dan keong mas. Hal ini karena ikan mas memakan larva hama padi yang hidup di sawah. Dengan demikian, budi daya ikan mas di sawah dapat mengurangi penggunaan pestisida yang berlebihan dan merusak lingkungan.

Budi daya ikan mas di sawah juga dapat meningkatkan pendapatan petani. Ikan mas yang dipelihara di sawah dapat dijual sebagai sumber protein hewani atau sebagai ikan konsumsi. Selain itu, ikan mas dapat dijual sebagai ikan hias, sehingga dapat menambah pendapatan petani.

Ikan mas yang dipelihara di sawah dapat membantu menjaga keseimbangan ekosistem. Hal ini karena ikan mas dapat memakan serangga dan larva hama padi yang hidup di sawah. Selain itu, kotoran ikan dapat menjadi pupuk alami untuk tanaman padi.

Budi daya ikan mas di sawah dapat meningkatkan produktivitas tanaman padi. Hal ini karena ikan mas dapat membantu mengendapkan nutrisi di dalam air dan meningkatkan kualitas air sawah. Air yang lebih baik kualitasnya dapat membantu pertumbuhan tanaman padi.

Ikan mas yang dipelihara di sawah dapat membantu menjaga kualitas air dan mengurangi pencemaran. Hal ini karena ikan mas dapat memakan kotoran dan sisa-sisa makanan yang ada di dalam air. Dengan demikian, kualitas air sawah dapat lebih baik dan pencemaran dapat dikurangi.

14. Katak

Katak adalah predator alami yang dapat membantu mengendalikan hama padi seperti wereng, kepik padi, dan ulat padi. Katak juga membantu menjaga kelembaban di sawah dengan cara mengeluarkan air dari kulitnya.

15. Capung

Capung merupakan predator alami yang sangat efektif dalam mengendalikan hama seperti jangkrik, ulat daun, dan ulat padi. Capung juga dapat membantu menjaga keseimbangan ekosistem di sawah.

16. Kunyit

Kunyit (Curcuma longa) merupakan salah satu jenis tanaman herbal yang dapat digunakan untuk mengusir hama pada tanaman padi. Beberapa penelitian telah menunjukkan bahwa ekstrak kunyit memiliki sifat insektisida dan dapat membantu mengendalikan populasi beberapa jenis hama padi, seperti ulat grayak (Spodoptera litura) dan wereng coklat (Nilaparvata lugens).

Ekstrak kunyit mengandung senyawa kurkuminoid yang memiliki sifat antifeedan, sehingga dapat menghambat nafsu makan ulat grayak dan mengurangi jumlah hama yang merusak tanaman padi. Selain itu, ekstrak kunyit juga memiliki sifat repelen terhadap wereng coklat, sehingga dapat membantu menjaga tanaman padi dari serangan hama tersebut.

17. Jahe

Jahe (Zingiber officinale) juga dapat digunakan sebagai pengusir hama pada tanaman padi dan membantu menjaga ekosistem sawah.

Beberapa penelitian telah menunjukkan bahwa ekstrak jahe memiliki sifat insektisida dan dapat mengendalikan populasi beberapa jenis hama padi, seperti ulat grayak (Spodoptera litura) dan wereng coklat (Nilaparvata lugens).

Senyawa aktif pada jahe yang berperan sebagai insektisida adalah gingerol dan shogaol, yang dapat menghambat pertumbuhan dan aktivitas hama pada tanaman padi.

Selain itu, jahe juga memiliki sifat antioksidan dan antibakteri yang dapat membantu menjaga kesehatan tanaman dan ekosistem sawah.

Penggunaan jahe sebagai pengusir hama pada tanaman padi dapat dilakukan dengan mencampurkan ekstrak jahe pada air untuk penyemprotan.

Namun, sebaiknya penggunaan jahe sebagai insektisida alami pada tanaman padi tetap memperhatikan dosis yang tepat dan tidak berlebihan agar tidak merusak keseimbangan ekosistem sawah.

Sebagai tambahan, jahe juga dapat ditanam di sekitar sawah untuk membantu menjaga kesuburan tanah dan meningkatkan kesehatan tanaman padi secara alami.

18. Kencur

Kencur (Kaempferia galanga) memiliki sifat antifungi dan antibakteri yang dapat membantu menjaga kesehatan tanaman padi dan mengendalikan penyakit pada tanaman padi.

Beberapa penyakit pada tanaman padi yang dapat diatasi dengan kencur antara lain blast (Magnaporthe grisea) dan hawar daun bakteri (Xanthomonas oryzae).

Senyawa aktif pada kencur yang berperan sebagai antifungi dan antibakteri adalah 1,8-cineole, α-terpineol, dan zingiberena yang dapat menghambat pertumbuhan dan aktivitas jamur dan bakteri pada tanaman padi.

Selain itu, kencur juga dapat membantu memperbaiki kualitas tanah dan meningkatkan ketersediaan nutrisi pada tanaman padi.

Penggunaan kencur sebagai agensia pengendali penyakit pada tanaman padi dapat dilakukan dengan menyiapkan ekstrak kencur yang dicampurkan pada air untuk penyemprotan tanaman padi.

Namun, sebaiknya penggunaan kencur sebagai agensia pengendali penyakit pada tanaman padi tetap memperhatikan dosis yang tepat dan tidak berlebihan agar tidak merusak keseimbangan ekosistem sawah.

19. Lidah Buaya

Lidah buaya (Aloe vera) dapat digunakan untuk membantu menjaga kesehatan tanaman padi dan mengendalikan penyakit pada tanaman padi. Lidah buaya memiliki sifat antifungi, antibakteri, dan antivirus yang dapat membantu melawan penyakit pada tanaman padi seperti blast (Magnaporthe grisea) dan karat (Puccinia spp.).

Senyawa aktif pada lidah buaya yang berperan sebagai agensia pengendali penyakit pada tanaman padi adalah aloin, antrakinon, dan senyawa fenolik seperti katekin, klorogenat, dan asam ferulat. Senyawa-senyawa tersebut memiliki efek antimikroba yang dapat menghambat pertumbuhan dan aktivitas jamur dan bakteri pada tanaman padi.

Penggunaan lidah buaya sebagai agensia pengendali penyakit pada tanaman padi dapat dilakukan dengan menyiapkan ekstrak lidah buaya yang dicampurkan pada air untuk penyemprotan tanaman padi.

20. Ayam Kampung

Ayam kampung dapat digunakan sebagai salah satu metode kontrol hama pada tanaman padi dan membantu menjaga keberlangsungan ekosistem sawah. Ayam kampung memiliki sifat predator alami terhadap serangga dan hewan pengerat yang seringkali menjadi hama pada tanaman padi.

Dalam sistem agroforestry atau pertanian berkelanjutan, ayam kampung dapat dipelihara di sekitar sawah atau di dalam areal pertanian untuk membantu mengendalikan populasi hama pada tanaman padi dan memperbaiki kualitas tanah dengan menjaga keseimbangan nutrisi dan meningkatkan aerasi tanah melalui pengadukan tanah dengan kakinya.

Namun, penggunaan ayam kampung dalam sistem pertanian harus dilakukan dengan bijak dan memperhatikan beberapa faktor seperti jumlah ayam yang tepat sesuai dengan luas lahan,

Dan kapasitas lingkungan, mencegah ayam merusak tanaman padi dengan mengatur ketinggian pagar dan merawat kebersihan kandang ayam agar tidak menimbulkan masalah sanitasi dan kesehatan.

21. Pisang

Menanam pohon pisang di lahan sawah padi memiliki beberapa manfaat, antara lain:

Meningkatkan kesuburan tanah: Pisang adalah tanaman penghasil biomassa yang tinggi, sehingga dapat membantu meningkatkan kesuburan tanah pada lahan sawah padi. Selain itu, serasah daun pisang dapat dijadikan sebagai pupuk organik untuk tanaman padi.

Menjaga kelembaban tanah: Sistem akar pisang yang dalam dapat membantu menjaga kelembaban tanah pada lahan sawah padi. Hal ini sangat penting terutama pada musim kemarau yang membuat lahan sawah cenderung mengering.

Menekan pertumbuhan gulma: Tanaman pisang yang tumbuh dengan rimbun dapat membantu menekan pertumbuhan gulma pada lahan sawah padi.

Hal ini karena pisang dapat menutupi permukaan tanah dan mencegah sinar matahari langsung mengenai permukaan tanah.

Meningkatkan produktivitas: Menanam pohon pisang di sekitar lahan sawah padi dapat membantu meningkatkan produktivitas lahan sawah. Hal ini karena pisang dapat menyerap nutrisi yang tersisa di tanah dan mengurangi risiko terjadinya erosi pada lahan sawah.

22. Kelapa

Menanam pohon kelapa di sekitar lahan sawah padi memiliki beberapa manfaat, antara lain:

Menjaga kelembaban tanah: Pohon kelapa memiliki sistem akar yang dalam dan kuat, sehingga dapat membantu menjaga kelembaban tanah pada lahan sawah padi. Selain itu, daun kelapa yang gugur dapat membantu meningkatkan kandungan bahan organik pada tanah.

Menekan erosi tanah: Pohon kelapa dapat membantu menahan air dan angin yang dapat menyebabkan erosi pada lahan sawah padi. Hal ini dapat membantu menjaga kestabilan tanah dan mengurangi risiko terjadinya kerusakan pada lahan sawah.

Memberikan keuntungan ekonomi: Pohon kelapa menghasilkan buah kelapa yang dapat dijual dan menghasilkan pendapatan tambahan bagi petani. Selain itu, serat kelapa juga dapat digunakan sebagai bahan baku dalam industri pengolahan tekstil dan kertas.

23. Pepaya

Pepaya memiliki beberapa manfaat untuk menjaga sawah dan melawan hama padi, antara lain:

Menekan pertumbuhan gulma: Tanaman pepaya yang tumbuh rimbun dapat membantu menekan pertumbuhan gulma pada lahan sawah padi.

Hal ini karena pepaya dapat menutupi permukaan tanah dan mencegah sinar matahari langsung mengenai permukaan tanah.

Mengusir hama: Pepaya mengandung senyawa yang dapat mengusir beberapa jenis hama tanaman padi seperti kutu daun dan ulat grayak.

Hal ini dapat membantu mengurangi penggunaan pestisida yang berpotensi merusak lingkungan.

Meningkatkan produktivitas: Menanam pepaya di sekitar lahan sawah padi dapat membantu meningkatkan produktivitas lahan sawah.

Hal ini karena pepaya dapat menyerap nutrisi yang tersisa di tanah dan mengurangi risiko terjadinya erosi pada lahan sawah.

24. Bambu

Menanam bambu di sekitar lahan sawah padi memiliki beberapa manfaat, di antaranya:

Menahan erosi tanah: Akar bambu yang kuat dapat menahan erosi tanah akibat aliran air, terutama saat musim hujan yang seringkali menyebabkan tanah longsor. Hal ini akan membantu menjaga kelestarian lahan sawah padi dan kualitas tanahnya.

Mengontrol kadar air: Akar bambu dapat menyerap kelebihan air dalam tanah dan membantu menjaga keseimbangan kadar air di sekitar lahan sawah padi. Hal ini dapat mencegah terjadinya genangan air yang dapat merusak tanaman padi.

Menyediakan kayu untuk keperluan sekitar: Bambu dapat dipanen setelah beberapa tahun dan digunakan sebagai bahan bangunan atau kayu bakar. Dengan menanam bambu di sekitar lahan sawah padi, petani dapat memanfaatkan bambu tersebut untuk keperluan sekitar tanpa harus merusak lahan.

Menyediakan tempat berteduh: Daun bambu yang rimbun dapat digunakan sebagai tempat berteduh bagi para petani yang sedang bekerja di sawah padi.

Menyediakan oksigen: Bambu juga dapat membantu menjaga kualitas udara di sekitar lahan sawah padi dengan menyediakan oksigen melalui proses fotosintesis.

Mempercantik pemandangan: Bambu yang ditanam dengan rapi dapat memberikan keindahan dan mempercantik pemandangan sekitar lahan sawah padi.

25. Pohon Ubi

Menanam ubi di sekitar lahan sawah padi juga memiliki beberapa manfaat, di antaranya:

Memanfaatkan lahan kosong: Dengan menanam ubi di sekitar lahan sawah padi, petani dapat memanfaatkan lahan kosong yang biasanya tidak dimanfaatkan untuk tanaman lain.

Menyediakan makanan: Ubi adalah sumber karbohidrat yang baik dan dapat menjadi makanan tambahan bagi petani dan keluarganya. Selain itu, ubi juga dapat dijual untuk mendapatkan tambahan penghasilan.

Menjaga kelembaban tanah: Ubi memiliki sistem perakaran yang dapat menahan kelembaban tanah dan membantu menjaga kelembaban di sekitar lahan sawah padi.

Mengurangi erosi tanah: Tanaman ubi dapat membantu mengurangi erosi tanah dan memperbaiki kualitas tanah di sekitar lahan sawah padi.

Menambah keanekaragaman tanaman: Menanam ubi di sekitar lahan sawah padi dapat meningkatkan keanekaragaman tanaman di daerah tersebut dan mencegah terjadinya monokultur yang dapat menyebabkan masalah keamanan pangan dan kerusakan lingkungan.

Mengurangi penggunaan pestisida: Ubi memiliki sifat tahan terhadap hama dan penyakit, sehingga dapat mengurangi penggunaan pestisida yang dapat merusak lingkungan.

Memperbaiki kualitas tanah: Ubi dapat memperbaiki kualitas tanah dengan menambahkan nutrisi dan organik ke dalam tanah di sekitar lahan sawah padi.

26. Kupu-Kupu

Kupu-kupu memiliki peran penting dalam menjaga ekosistem sawah padi dan membantu melawan hama dan penyakit pada tanaman padi. Berikut adalah beberapa manfaat kupu-kupu untuk ekosistem sawah padi:

Penyerbukan: Kupu-kupu adalah salah satu serangga penyerbuk yang membantu dalam proses penyerbukan bunga pada tanaman padi. Hal ini akan memastikan bahwa tanaman padi dapat berbuah dengan baik dan meningkatkan produksi tanaman.

Makanan untuk burung: Kupu-kupu juga menjadi sumber makanan bagi burung-burung yang hidup di sekitar sawah padi. Burung-burung ini membantu mengendalikan populasi serangga yang dapat merusak tanaman padi.

Indikator lingkungan: Kupu-kupu juga dapat menjadi indikator lingkungan yang berguna. Jika populasi kupu-kupu menurun secara signifikan, ini dapat menunjukkan adanya perubahan lingkungan yang merugikan.

Mengurangi penggunaan pestisida: Kupu-kupu juga membantu mengurangi penggunaan pestisida dalam pertanian. Beberapa jenis kupu-kupu seperti kupu-kupu Siam dapat memakan larva hama dan penyakit pada tanaman padi, sehingga penggunaan pestisida dapat dikurangi.

Mempertahankan keanekaragaman hayati: Kupu-kupu adalah bagian dari keanekaragaman hayati yang ada di ekosistem sawah padi. Mempertahankan keanekaragaman hayati akan membantu menjaga keseimbangan ekosistem dan mencegah terjadinya kerusakan lingkungan.

Dengan demikian, kupu-kupu memiliki peran yang penting dalam menjaga keseimbangan ekosistem sawah padi dan membantu melawan hama dan penyakit pada tanaman padi.

27. Sapi

Sapi tidak secara langsung membantu dalam melawan hama dan penyakit pada tanaman padi, namun sapi memiliki beberapa manfaat bagi ekosistem sawah padi, antara lain:

Pupuk organik: Sapi adalah sumber pupuk organik yang baik untuk tanaman padi. Kotoran sapi mengandung banyak nutrisi yang dapat membantu meningkatkan kesuburan tanah dan kesehatan tanaman.

Pemotongan rumput: Sapi dapat membantu memotong rumput dan gulma di sekitar sawah padi. Hal ini akan membantu mengurangi pertumbuhan rumput dan gulma yang dapat mengambil nutrisi dan air dari tanaman padi.

Menjaga keanekaragaman hayati: Sapi dapat membantu menjaga keanekaragaman hayati di sekitar sawah padi. Dengan cara memakan rumput dan tumbuhan di sekitarnya, sapi membantu menjaga ekosistem di sekitar sawah padi.

Mengurangi polusi air: Sapi juga dapat membantu mengurangi polusi air di sekitar sawah padi. Dengan menggembalakan sapi jauh dari sungai dan saluran air, dapat mengurangi jumlah kotoran sapi yang masuk ke dalam air.

Memperkuat sistem pertanian: Sapi juga dapat memperkuat sistem pertanian di sekitar sawah padi. Dengan memiliki sapi, petani dapat memanfaatkan kotoran sapi sebagai pupuk organik, menjaga keanekaragaman hayati, dan memotong rumput di sekitar sawah padi.

Dengan demikian, meskipun sapi tidak secara langsung membantu melawan hama dan penyakit pada tanaman padi, sapi memiliki manfaat yang penting dalam menjaga ekosistem sawah padi dan memperkuat sistem pertanian di sekitarnya.

28. Burung Nuri

Burung nuri memiliki peran penting dalam menjaga ekosistem sawah padi serta membantu melawan hama penyakit pada tanaman padi. Berikut adalah beberapa manfaat burung nuri untuk ekosistem sawah padi:

Mengendalikan populasi serangga: Burung nuri adalah salah satu jenis burung yang dapat membantu mengendalikan populasi serangga di sekitar sawah padi. Burung nuri akan memakan serangga-serangga yang biasanya menjadi hama pada tanaman padi seperti ulat, wereng, belalang atau kutu.

Penyebar biji-bijian: Burung nuri juga dapat membantu menyebarkan biji-bijian di sekitar sawah padi. Dalam proses mencari makan, burung nuri akan mengambil biji-bijian yang kemudian tersebar ke tempat-tempat lain, sehingga meningkatkan keanekaragaman hayati di sekitar sawah padi.

Penyerbukan: Burung nuri juga dapat membantu dalam proses penyerbukan bunga pada tanaman padi. Hal ini akan memastikan bahwa tanaman padi dapat berbuah dengan baik dan meningkatkan produksi tanaman.

Makanan untuk predator lain: Burung nuri juga menjadi sumber makanan bagi predator lain seperti burung elang dan ular. Hal ini membantu menjaga keseimbangan ekosistem dan mengurangi populasi burung nuri yang terlalu banyak di suatu daerah.

Indikator lingkungan: Burung nuri juga dapat menjadi indikator lingkungan yang berguna. Jika populasi burung nuri menurun secara signifikan, ini dapat menunjukkan adanya perubahan lingkungan yang merugikan.

Dengan demikian, burung nuri memiliki peran yang penting dalam menjaga keseimbangan ekosistem sawah padi dan membantu melawan hama dan penyakit pada tanaman padi.

29. Burung Bangau

Burung bangau memiliki peran yang penting dalam menjaga ekosistem sawah padi dan membantu melawan hama dan penyakit pada tanaman padi. Berikut adalah beberapa manfaat burung bangau untuk ekosistem sawah padi:

Mengendalikan populasi serangga: Burung bangau merupakan predator alami bagi berbagai jenis serangga yang biasanya menjadi hama pada tanaman padi, seperti wereng, ulat, atau belalang. Dengan memangsa hama tersebut, populasi serangga dapat dikendalikan dan tanaman padi dapat tumbuh dengan lebih baik.

Penyebar biji-bijian: Burung bangau juga dapat membantu menyebarkan biji-bijian di sekitar sawah padi. Dalam proses mencari makan, burung bangau akan mengambil biji-bijian yang kemudian tersebar ke tempat-tempat lain, sehingga meningkatkan keanekaragaman hayati di sekitar sawah padi.

Penyerbukan: Burung bangau juga dapat membantu dalam proses penyerbukan bunga pada tanaman padi. Hal ini akan memastikan bahwa tanaman padi dapat berbuah dengan baik dan meningkatkan produksi tanaman.

Menjaga keanekaragaman hayati: Burung bangau membantu menjaga keanekaragaman hayati di sekitar sawah padi. Dengan memakan berbagai jenis serangga, burung bangau membantu menjaga keseimbangan ekosistem dan mencegah terjadinya ledakan populasi serangga tertentu.

Indikator lingkungan: Burung bangau juga dapat menjadi indikator lingkungan yang berguna. Jika populasi burung bangau menurun secara signifikan, ini dapat menunjukkan adanya perubahan lingkungan yang merugikan.

Dengan demikian, burung bangau memiliki peran yang penting dalam menjaga keseimbangan ekosistem sawah padi dan membantu melawan hama dan penyakit pada tanaman padi.

30. Burung Elang

Burung elang merupakan predator alami bagi berbagai jenis hewan yang bisa menjadi hama pada lahan sawah padi. Berikut adalah beberapa manfaat burung elang untuk membasmi hama penyakit pada padi dan menjaga keseimbangan ekosistem lahan sawah padi:

Mengendalikan populasi hewan pengerat: Burung elang merupakan predator alami bagi hewan pengerat seperti tikus yang dapat merusak tanaman padi. Dengan memangsa hewan pengerat tersebut, populasi hewan pengerat dapat dikendalikan sehingga kerusakan pada tanaman padi dapat diminimalkan.

Mengendalikan populasi serangga: Burung elang juga memangsa serangga yang bisa menjadi hama pada tanaman padi seperti belalang, jangkrik, atau ulat. Dengan memangsa hama tersebut, populasi serangga dapat dikendalikan dan tanaman padi dapat tumbuh dengan lebih baik.

Membantu menjaga keseimbangan ekosistem: Burung elang membantu menjaga keseimbangan ekosistem dengan menjaga populasi hewan yang ada di sekitar lahan sawah padi. Dengan memangsa hewan-hewan yang menjadi hama pada tanaman padi, burung elang membantu mencegah ledakan populasi hewan tersebut yang dapat menyebabkan kerusakan pada tanaman padi.

Indikator lingkungan: Burung elang juga dapat menjadi indikator lingkungan yang berguna. Jika populasi burung elang menurun secara signifikan, ini dapat menunjukkan adanya perubahan lingkungan yang merugikan.

Meningkatkan keanekaragaman hayati: Burung elang membantu meningkatkan keanekaragaman hayati di sekitar lahan sawah padi. Dengan memangsa berbagai jenis hewan, burung elang membantu menjaga keseimbangan ekosistem dan mencegah terjadinya ledakan populasi hewan tertentu.

Dengan demikian, burung elang memiliki peran penting dalam menjaga keseimbangan ekosistem lahan sawah padi dan membantu membasmi hama penyakit pada padi secara alami.

31. Cabe

Menanam cabe di sekitar lahan sawah padi memiliki beberapa manfaat dalam membasmi berbagai jenis penyakit padi, antara lain:

Mengusir hama: Kandungan capsaicin pada cabe dapat mengusir hama seperti tikus dan serangga yang bisa menjadi penyebab kerusakan pada tanaman padi. Hal ini bisa mengurangi kemungkinan terjadinya serangan hama pada tanaman padi sehingga produktivitasnya tetap terjaga.

Menyediakan habitat bagi predator alami: Tanaman cabe juga bisa menjadi habitat bagi predator alami seperti burung pemangsa atau serangga predator. Predator alami ini bisa membantu membasmi hama pada tanaman padi secara alami sehingga penggunaan pestisida kimia dapat dikurangi atau bahkan dihilangkan sama sekali.

Menjaga keseimbangan ekosistem: Menanam cabe di sekitar lahan sawah padi juga bisa membantu menjaga keseimbangan ekosistem. Tanaman cabe bisa menjadi sumber pakan bagi serangga seperti lebah dan kupu-kupu yang juga penting dalam menjaga polinasi pada tanaman padi.

Menambahkan nutrisi pada tanah: Tanaman cabe juga bisa memberikan manfaat bagi kesehatan tanah. Sisa-sisa tanaman cabe yang telah dipanen bisa dijadikan pupuk organik yang mengandung nutrisi penting seperti nitrogen, fosfor, dan kalium. Pupuk organik ini bisa meningkatkan kesuburan tanah dan membantu tanaman padi tumbuh lebih sehat.

Namun, perlu diingat bahwa menanam cabe di sekitar lahan sawah padi juga bisa memberikan beberapa dampak negatif jika tidak dilakukan dengan tepat. Misalnya, jika tanaman cabe ditanam terlalu dekat dengan tanaman padi, cabe bisa menimbulkan persaingan untuk mendapatkan nutrisi dan air yang sama-sama dibutuhkan oleh kedua tanaman tersebut. Oleh karena itu, perlu mempertimbangkan jarak dan cara menanam cabe yang tepat agar manfaatnya dapat dirasakan secara maksimal.

32. Jeruk Lemon

Menanam jeruk lemon di sekitar lahan sawah padi juga dapat memberikan beberapa manfaat dalam melawan hama penyakit padi, meskipun tidak seefektif menanam tanaman yang khusus untuk tujuan tersebut. Beberapa manfaatnya adalah:

Meningkatkan sistem kekebalan tanaman: Jeruk lemon mengandung senyawa antibakteri dan antivirus yang dapat membantu meningkatkan sistem kekebalan tanaman. Hal ini dapat membantu mencegah tanaman padi dari serangan berbagai jenis hama dan penyakit.

Menyediakan sumber nutrisi: Tanaman jeruk lemon juga bisa memberikan sumber nutrisi bagi tanah dan tanaman padi di sekitarnya. Daun jeruk lemon yang jatuh ke tanah dapat menjadi sumber pupuk organik yang berguna bagi kesehatan tanah dan pertumbuhan tanaman padi.

Mengusir hama: Aroma dari daun dan buah jeruk lemon diketahui bisa mengusir beberapa jenis hama seperti nyamuk dan serangga penghisap cairan.

Meskipun belum ada bukti ilmiah yang menyatakan bahwa jeruk lemon dapat mengusir hama penyakit padi, namun keberadaannya di sekitar lahan sawah padi bisa memberikan perlindungan tambahan bagi tanaman padi dari serangan hama.

33. Jeruk Perut

Menanam jeruk perut atau Citrus hystrix di sekitar lahan sawah padi dapat memberikan beberapa manfaat dalam melawan hama penyakit padi, meskipun tidak seefektif menanam tanaman yang khusus untuk tujuan tersebut. Beberapa manfaatnya adalah:

Meningkatkan sistem kekebalan tanaman: Jeruk perut mengandung senyawa anti bakteri yang dapat membantu meningkatkan sistem imunitas tanaman padi. Hal ini dapat membantu mencegah tanaman padi dari serangan berbagai jenis hama penyakit yang berbahaya untuk ekosistem sawah padi

Menyediakan sumber nutrisi: Tanaman jeruk perut juga bisa memberikan sumber nutrisi bagi tanah dan tanaman padi di sekitarnya. Daun jeruk perut yang jatuh ke tanah dapat menjadi sumber pupuk organik yang berguna bagi kesehatan tanah dan mempercepat pertumbuhan tanaman padi.

Mengusir hama: Aroma dari daun dan buah jeruk perut diketahui bisa mengusir beberapa jenis hama seperti kutu putih dan ulat tanah. Jeruk perut juga dikenal dapat digunakan sebagai bahan aktif dalam pestisida nabati alami untuk melawan hama penyakit padi.

Meningkatkan produktivitas: Jeruk perut dapat meningkatkan produktivitas tanaman padi di sekitarnya karena sifatnya sebagai penambah unsur hara dalam tanah dan sebagai pengusir hama yang mengganggu pertumbuhan dan kesehatan tanaman.

34. Burung Merpati

Merpati memiliki beberapa manfaat dalam menjaga ekosistem sawah padi, antara lain:

Sebagai predator alami: Burung merpati dapat membantu mengendalikan populasi hama tanaman padi seperti belalang, jangkrik, dan ulat yang dapat merusak pertumbuhan dan kualitas tanaman.

Sebagai predator alami, burung merpati dapat membantu mengurangi penggunaan pestisida kimia yang berlebihan yang dapat merusak lingkungan dan kesehatan manusia.

Sebagai penyerbuk: Burung merpati dapat membantu menyebarkan serbuk sari dari bunga tanaman padi, sehingga dapat meningkatkan jumlah buah dan hasil panen yang lebih baik.

Sebagai indikator kesehatan lingkungan: Kehadiran burung merpati dapat menjadi indikator kesehatan lingkungan di sekitar lahan sawah padi.

Jika populasi burung merpati berkurang, dapat menjadi tanda bahwa ekosistem di sekitar lahan sawah padi mengalami kerusakan atau tercemar.

Namun, perlu diingat bahwa burung merpati juga dapat menjadi hama bagi tanaman padi jika terlalu banyak dan berkumpul di sekitar lahan sawah padi.

Oleh karena itu, penting untuk menjaga keseimbangan populasi burung merpati agar tetap memberikan manfaat positif dalam menjaga ekosistem sawah padi.

35. Sirsak

Pohon buah sirsak dapat memberikan beberapa manfaat dalam menjaga ekosistem sawah padi, di antaranya:

Menjaga kestabilan tanah: Akar pohon sirsak dapat menembus dan menstabilkan tanah, sehingga dapat mencegah erosi dan kerusakan tanah akibat air yang mengalir.

Menjaga kelembaban tanah: Daun pohon sirsak memiliki kemampuan menyerap dan menyimpan air, sehingga dapat membantu menjaga kelembaban tanah di sekitar sawah padi.

Menyediakan tempat bertelur bagi serangga pemakan hama: Pohon sirsak merupakan habitat bagi serangga pemakan hama, seperti kepik hijau dan kepik coklat. Serangga ini dapat membantu mengendalikan populasi hama pada tanaman padi.

Menyediakan sumber pakan bagi burung: Buah sirsak dapat menjadi sumber pakan bagi burung yang tinggal di sekitar sawah padi. Burung-burung ini dapat membantu mengendalikan populasi serangga dan hama pada tanaman padi.

Menjaga keberagaman hayati: Dengan adanya pohon buah sirsak di sekitar sawah padi, maka keberagaman hayati di lingkungan tersebut akan meningkat. Hal ini dapat memperkuat ekosistem dan membantu menjaga keberlangsungan hidup organisme di sekitar sawah padi.

36. Kangkung

Kangkung adalah tanaman air yang banyak tumbuh di sawah dan memiliki manfaat yang baik untuk menjaga keseimbangan ekosistem sawah. Beberapa manfaat kangkung untuk menjaga sawah antara lain:

Mengontrol pertumbuhan gulma: Kangkung dapat menekan pertumbuhan gulma atau rumput liar yang tumbuh di sekitar sawah, karena kangkung tumbuh lebih cepat dan menutupi permukaan air di sawah.

Menjaga kualitas air: Kangkung dapat menyerap nutrisi dan polutan dari air di sawah, sehingga dapat membantu menjaga kualitas air dan mencegah terjadinya eutrofikasi (peningkatan nutrisi di air).

Menjaga kelembaban tanah: Tanaman kangkung dapat membantu menjaga kelembaban tanah di sekitar sawah, karena akarnya yang menyebar dapat menyerap air dari tanah dan mempertahankan kelembaban tanah yang diperlukan oleh tanaman padi.

Menyediakan pakan ternak: Kangkung juga dapat dimanfaatkan sebagai pakan ternak seperti bebek dan ikan. Hal ini dapat membantu meningkatkan produksi ternak dan memanfaatkan sumber daya yang ada di sekitar sawah.

Menyediakan sumber pangan: Kangkung juga dapat dimanfaatkan sebagai sumber pangan bagi manusia. Daun kangkung mengandung berbagai nutrisi seperti vitamin A, vitamin C, dan zat besi, sehingga dapat membantu meningkatkan kesehatan dan nutrisi bagi masyarakat yang tinggal di sekitar sawah.

Dengan demikian, tanaman kangkung dapat membantu menjaga ekosistem sawah dan meningkatkan produktivitas pertanian di sekitar wilayah sawah.

Daftar Pustaka

Singh BN (2018). Global Rice Cultivation & Cultivars. New Delhi: Studium Press LLC. ISBN 978-1-62699-107-1.

Singleton G, Hinds L, Leirs H and Zhang Zh (Eds.) (1999) "Ecologically-based rodent management" ACIAR, Canberra. ISBN 1-86320-262-5.

Kabir SM (2012). "Rice". In Islam S, Jamal AA (eds.). Banglapedia: National Encyclopedia of Bangladesh (Second ed.). Asiatic Society of Bangladesh.

Harris, David R. (1996). The Origins and Spread of Agriculture and Pastoralism in Eurasia. Psychology Press.. ISBN 978-1-85728-538-3.

Author Bio

"Indeed, those who have believed and done righteous deeds – their Lord will guide them because of their faith.

Beneath them rivers will flow in the Gardens of Pleasure.

Their call therein will be, 'Exalted are You, O Allah,' and their greeting therein will be, 'Peace.'

And the last of their call will be, 'Praise to Allah, Lord of the worlds!'"

(From The Noble Quran)